DE LA NÉCESSITÉ

D'INTRODUIRE ET DE FAIRE ADOPTER

DANS LE DÉPARTEMENT DE TARN-ET-GARONNE

LES

INSTRUMENTS PERFECTIONNÉS D'AGRICULTURE.

———

Quid est agrum bene colere?
Bene arare. Quid secundum? arare tertio? stercorare.

CATON.

MONTAUBAN,

LAPIÉ-FONTANEL, IMPRIMEUR DE LA PRÉFECTURE.

1857.

DE LA NÉCESSITÉ

D'INTRODUIRE ET DE FAIRE ADOPTER

DANS LE DÉPARTEMENT DE TARN-ET-GARONNE

LES

INSTRUMENTS PERFECTIONNÉS D'AGRICULTURE.

OUVRAGE COURONNÉ PAR LA SOCIÉTÉ DES SCIENCES,
AGRICULTURE ET BELLES-LETTRES DE TARN-ET-GARONNE,
DANS SA SÉANCE PUBLIQUE DU 4 JUIN 1857 [1].

Le mot agriculture, pris dans son acception la plus générale, embrasse tous les procédés, toutes les opérations qui ont pour objet la production des denrées d'utilité ou d'agrément qui sont à l'usage de l'homme. L'agriculture s'exerce sur la matière vivante, et c'est là le caractère spécifique qui la distingue des arts appelés industriels, ainsi que des procédés de l'économie rurale. C'est donc avec raison qu'on l'a comparée à la médecine, sous le rapport scientifique, puisque dans

---

1. Cet ouvrage a été complété, avec l'assentiment de la Société, après la décision qui lui a décerné le prix.

le fond, la science agricole n'est autre chose que celle de l'hygiène végétale et animale.

L'agriculture se divise en deux branches principales : la culture des champs ou agriculture proprement dite, et la culture des jardins ou horticulture. Celle-ci comprend, outre la culture des jardins, celle des vignes, des vergers et des bois.

L'objet principal de l'agriculture est la production des denrées de première nécessité ; l'objet principal de l'horticulture est la production des denrées de luxe et d'agrément. Cette différence dans l'objet des deux cultures en nécessite une bien grande dans les vues et le système qui les régissent. La perfection des travaux préparatoires, les soins minutieux, en un mot, tous les efforts et toute l'adresse de la main de l'homme appartiennent à l'horticulture, et cela parce que, adressant ses produits à la sensualité et à l'aisance, elle peut viser à la quantité et à la qualité, bien plus qu'à l'économie des moyens de production.

L'agriculture, au contraire, travaille pour le besoin : elle nourrit le jardinier et le vigneron, l'artisan, le soldat, le marin, le négociant, l'homme d'état, le jurisconsulte, le pauvre et le riche. Elle est le principe de tout ; par conséquent, le tarif de ses produits est déterminé par les ressources de la classe pauvre.

En définissant l'agriculture proprement dite l'art de produire et de fournir à toutes les classes de la société les denrées nécessaires à leur existence, on sera forcé de conclure que ce nom, dans toute la force de son acception ainsi particularisée, ne convient qu'à la grande culture, c'est-à-dire à celle qui prend la charrue pour base de ses opérations. En résumé partout où je vois tout ensemble production de fumier et emploi des instruments mus par les animaux, je vois la véritable agriculture; hors de là, vous tombez plus ou moins dans le système de l'horticulture.

Les anciens, en qui le sentiment du vrai était moins obscurci par l'esprit de système, dans l'excès de leur naïve reconnaissance, élevèrent des autels à l'inventeur de la charrue. Ils virent bien que cet instrument était le créateur des arts, le père nourricier des grandes cités et des armées, le fondateur de la civilisation, que dis-je, de la liberté! Auparavant la culture des terres était fondée sur l'esclavage, et cela est si vrai que l'opinion qui faisait regarder les travaux manuels de l'agriculture comme une œuvre servile, s'est conservée longtemps après.

Le problème de la perfection agricole subit nécessairement les conditions suivantes : tirer de la terre la plus grande production possible, par la voie la plus économique possible.

Si l'énoncé de ce problème est simple, nous allons voir que la solution en est très-compliquée; il faut d'abord, non-seulement que le terrain soit convenablement labouré et ameubli, mais encore qu'il soit rigoureusement nettoyé des mauvaises herbes; en sorte que lorsqu'on a semé du blé, on ne récolte exactement que du blé.

En second lieu, il faut que les terres soient toutes dans un état habituel de production, ce qui suppose l'abolition de la jachère naturelle; et néanmoins il faut trouver le moyen d'élever de nombreux troupeaux, afin que le sol, copieusemeut engraissé, atteigne le maximum de la fertilité.

Enfin, comme il est prouvé que bon labourage et bonne fumure ne suffisent pas pour avoir une succession non-interrompue d'excellentes récoltes, et qu'il est nécessaire que celles-ci soient alternativement prises dans divers genres de plantes qui n'épuisent pas le sol relativement les unes aux autres, il devient indispensable que les assolements soient disposés de la manière la plus convenable, et cela par rapport au climat, à la nature du terrain, à sa disposition topographique, et par rapport encore à la grandeur de la ferme.

En conséquence, l'un des traits les plus caractéristiques de l'agriculture perfectionnée est de soumettre au labourage toutes les terres qui peuvent être labourées; au lieu que, dans l'agriculture ordinaire, les terres ont reçu d'avance une destination fixe et se trouvent classées par catégories en champs, en prés et pâtures; le système perfectionné n'admet ni catégories ni spécialité. Le même fonds produit, tour à tour, du foin, du blé, et des légumes. L'alternance des récoltes établies par lignes espacées et des fourrages artificiels est une des loi fondamentales de ce système.

Pour tout dire en un mot, la grande agriculture perfectionnée rivalise avec l'horticulture par la netteté et la correction des travaux préparatoires, et n'en diffère essentiellement qu'en ce qu'elle fait usage des instruments mus par les animaux et qu'elle s'attache surtout à la production du fumier. Aussi parvient-elle à introduire indistinctement dans les champs plusieurs plantes plus ou moins précieuses, qui étaient auparavant renfermées dans le cercle étroit de la spécialité horticulturale. Tels sont, par exemple, la carotte, la betterave, la garance, le lin, le chanvre.

Pour atteindre ce but, le premier expédient qui s'est présenté à l'esprit des agriculteurs a été d'associer la petite culture à la grande, d'ébaucher les travaux avec la charrue et de les perfectionner au moyen de la houe à force de bras. Mais ce système est évidemment vicieux ou du moins très-imparfait : il tend à dénaturer l'agriculture, en lui faisant perdre son caractère le plus essentiel, qui consiste à employer la force des animaux aux préparations de la terre.

Mais voici le point de la difficulté : lorsqu'on fait usage des instruments mus par les animaux, le travail perd en perfection une partie de ce qu'il a gagné en célérité. Il faut que cette circonstance soit bien puissante, puisqu'elle a suffi pour maintenir la petite culture, et pour lui donner même aux yeux de bien des gens, une sorte de prééminence.

Ce phénomène a de quoi étonner : en effet, dans les arts industriels, les choses se sont passées tout au contraire. Partout où les moyens mécaniques d'accélérer le travail ont paru, le petit ouvrage fait à la main a été mis en déroute.

La raison en est bien simple : le génie des mécaniciens s'est tourné constamment du côté des arts, et a longtemps dédaigné l'agriculture.

La charrue inventée dans des siècles grossiers, a conservé sa grossièreté primitive, car la perfection est la fille du temps.

Enfin, on s'est avisé que, pour élever l'agriculture vers la perfection, le premier pas à faire était de perfectionner les instruments du labourage : on a compris que la bonté de l'ouvrage dépend de la bonté des outils. On a donc inventé divers instruments propres à exécuter, par l'intermédiaire des animaux, les travaux manuels du jardinage avec une perfection tout au moins égale. L'homme qui fait usage de ces instruments peut labourer, ameublir, ratisser, niveler, nettoyer le terrain à l'instar de la petite culture, et cela dans un espace de temps dix fois moindre.

C'est ainsi qu'a été résolu le problème de la grande culture perfectionnée. Ceux qui sont parvenus à appliquer à l'agriculture le génie de la mécanique moderne ont rendu un service immense à la société, puisqu'ils ont accéléré le travail.

Ainsi donc, les instruments qui ont la propriété d'exécuter les divers travaux de la culture alterne avec toute la correction et en même temps toute la rapidité possibles, sont la base indispensable de l'agriculture perfectionnée.

La plupart des auteurs paraissent entendre par le mot de grande culture celle qui s'exécute au moyen de chevaux; en sorte qu'un pays où la charrue est tirée par des chevaux est appelée vulgairement pays de grande culture, et celui où l'on emploie les bœufs au même usage est réputé pays de petite culture. On voit, par conséquent, que ces mots de grande et petite culture ne dérivent pas essentiellement de l'étendue des fermes, puisqu'une ferme qui n'a qu'une charrue à deux chevaux appartient à la grande culture, et qu'une ferme qui emploie dix attelages de bœufs se trouve réléguée dans la catégorie de la petite.

Cette définition est claire, mais cela ne suffit pas; il faudrait, en outre, suivant le langage de la vieille école, qu'elle fut convenante au défini. Or, on ne voit pas en quoi consiste pour le labourage exécuté par des chevaux, ce caractère de grandeur qu'on lui attribue. Dirait-on que le cheval est plus noble? Mais nous demanderons s'il est plus utile; car chez nous gens de village, la noblesse se mesure à l'utilité; c'est tout le rebours de cet autre monde que l'on appelle aussi du nom de grand, sans trop savoir pourquoi : la question ainsi posée, il ne sera pas facile de la résoudre en faveur des chevaux. *Arthur Young* donne sans façon la préférence aux bœufs : il appelle la culture aux chevaux culture dispendieuse, et la culture aux bœufs culture économique. Or, que l'on y prenne garde; si l'économie n'est pas la grandeur, elle en est la base. *Rosier, Mathieu de Dombasle* et cent autres regardent le bœuf comme l'animal du labourage. Telle fut aussi l'opinion de l'antiquité. La culture par les bœufs est plus universelle, et l'universalité est un des traits de la grandeur.

Le jour où l'homme apprit à faire servir les forces des animaux aux travaux agricoles, son domaine s'agrandit et la société fit un pas de géant vers le bien-être et la puissance. Jusques-là il n'avait eu pour rompre la terre d'autres moteurs que ses bras, et une telle culture mérite bien l'épithète de petite. Car les forces de l'homme sont très-petites relativement à ses besoins. J'appelle donc grande culture celle qui fait usage des machines et des instruments mus par les animaux, et petite culture celle qui est réduite aux outils poussés immédiatement par la main de l'homme; en sorte que la charrue est le symbole de la première et la bêche celui de la seconde. Partout où paraît une charrue suffisamment attelée, je vois la grande culture; peu importe que cette charrue soit solitaire, elle marche dans le même système que chacune de celles du grand propriétaire qui commande à vingt.

D'après cette définition, la grande culture mérite principalement de fixer les regards de la science : c'est à proprement parler, l'agriculture par excellence; seule elle a droit aux encouragements de la société, parce qu'elle seule a une utilité vraiment sociale.

DES INSTRUMENTS DE L'AGRICULTURE PERFECTIONNÉE.

La charrue est le symbole de l'agriculture proprement dite, la clef de toutes les opérations : c'est donc sur cet instrument qu'ont dû s'arrêter d'abord les regards des agronomes qui visaient à la perfection de ce premier des arts. Leurs efforts pour obtenir une charrue telle qu'ils la désiraient, ont été longtemps infructueux.

Le problème de la perfection de la charrue est très-difficile à résoudre, d'autant plus qu'il ne peut pas l'être par une équation algébrique. On est forcé de tâtonner et de livrer à l'expérience le soin de rectifier un premier aperçu.

Voici les conditions de ce problème. Trouver une charrue qui produise les effets de la bêche, en enterrant le gazon et ramenant la couche inférieure à la surface, qui remue le plus de terre possible avec la moindre résistance possible, dont la direction ne soit ni pénible ni difficile, qui soit en état de vaincre ou d'éluder les obstacles que présentent les diverses natures de terrain, et qui joigne à la plus grande solidité l'avantage de n'être pas d'un prix excessif ni dans sa construction ni dans son entretien : la réunion de toutes ces qualités est très-difficile.

Déjà depuis longtemps la Belgique, pays de culture perfectionnée, faisait usage d'une charrue à versoir sans avant-train (il a été reconnu que, si la charrue à avant-train offrait quelques avantages, elle a le grand inconvénient d'augmenter beaucoup la résistance, et que tout bien considéré, l'avant-train est une superfluité plus nuisible qu'utile). La charrue belge a été le type primitif de toutes les charrues simples qui ont été construites avec des perfectionnements plus ou moins considérables en Angleterre, en Ecosse et aux Etats-Unis.

M. *de Dombasle* s'est appliqué à perfectionner la charrue simple. Il a eu pour objet principal de la rendre moins coûteuse et d'un tirage plus facile. Placé à la tête d'une ferme à laquelle était jointe une fabrique d'instruments, il a eu de grands avantages sur la plu-

part de ceux qui avaient travaillé au perfectionnement des outils agricoles. Sa position lui donnait à
tout moment la facilité de vérifier sur le terrain les
inspirations de la théorie, et de rectifier les défauts à
fur et mesure qu'ils étaient signalés par l'expérience
et l'observation.

La charrue de *Roville* me paraît jusqu'ici celle qui
remplit le mieux les conditions que nous avons exigées
plus haut. Son versoir contourné avec précision renverse la terre à fur et mesure qu'elle est coupée ver-
ticalement par le coutre et horizontalement par le soc.
Un attelage ordinaire suffit pour la faire opérer avec
aisance à six ou huit pouces de profondeur. Elle est
aussi peu coûteuse que puisse l'être une charrue perfectionnée, puisque on est parvenu à la faire construire
pour 55 francs. On peut lui reprocher, à la vérité,
l'inconvénient de tous les outils de ce genre : elle exige
la plus exacte précision dans son ajustage. Enfin si nous
pouvons parvenir à introduire dans notre pays cette
excellente charrue, et si nous parvenons à l'y natu-
raliser, nous croirons avoir fait une œuvre extrêmement utile à nos compatriotes.

L'un de mes voisins, excellent cultivateur, qui
voulut bien honorer de sa visite mes nouvelles charrues, me disait quelque temps après : « je ne puis plus
regarder sans dégoût le labourage de mes araires, depuis que j'ai vu marcher vos charrues à la Dombasle. »
Rien de plus naturel que ce sentiment. L'araire du
pays entre dans le sol comme un coin, en projettant
à droite et à gauche des éclats de terre et des mottes

gazonnées. Tout cela forme un labour aussi mauvais au fond que hideux dans sa forme. La charrue de *Roville* découpe la terre et la renverse; en outre, elle lui donne une élévation considérable au-dessus du niveau du sol; on dirait qu'elle la fait mousser. Le laboureur qui la suit des yeux observe cet effet avec un mouvement bien vif de joie et de plaisir; à mesure que l'instrument avance, il croit voir se gonfler le sein de la nourrice commune que son araire ne savait que déchirer et mettre en pièces.

La charrue est destinée à donner au sol les cultures profondes que sa nature lui permet de recevoir, à exposer aux influences fécondantes de l'atmosphère la plus forte couche possible de terre végétale, et à couper et détruire les racines des plantes nuisibles qui végètent à la surface. Les parties fondamentales de la charrue sont donc celles qui sont en contact immédiat avec la terre, savoir : le soc, le sep, le coutre et le versoir. Quant à la charpente destinée à recevoir et transmettre la force des bêtes d'attelage, sa forme ne saurait être indifférente, quoiqu'elle soit d'une importance secondaire.

En examinant dans la charrue de *Roville* la disposition des quatre principales pièces que j'ai nommées, on voit que les faces qui sont en contact avec la terre non labourée sont telles qu'aucun frottement inutile n'a lieu, et que la partie de la terre saisie par la charrue glisse et s'élève graduellement sur un plan incliné, jusqu'à ce que, parvenue à une hauteur suffisante, le contour du versoir renverse presque sans effort dans la raie ouverte la tranche déjà détachée par le coutre et le soc. Les plus simples notions de mécanique, ou pour mieux dire, les simples lumières du bon sens suffisent pour faire comprendre à celui qui a vu et observé cette disposition des pièces de la charrue, que tout a été combiné de manière à n'opposer aucune résistance inutile à la force destinée à la mettre en mouvement; mais si l'on est satisfait de voir utiliser ainsi la force des bêtes de travail, on ne l'est pas moins de la perfection de l'ouvrage. Pas une racine ne peut échapper à l'action tranchante du soc, pourvu que la largeur de la tranche n'excède pas celle de l'aile du soc qui est de neuf pouces; le fond de la raie est net, et le sous sol d'une terre bien labourée ressemblerait à une aire, si on enlevait toute la couche de terre végétale travaillée par la charrue. La bande de terre étant retournée, il en résulte qu'au total le travail de la charrue est en quelque sorte plus parfait que celui de la bêche, et certainement ce dernier instrument exige proportionnellement plus de force dans son emploi, puisque la tranche de terre ne peut être coupée que latéralement, et que la surface inférieure ne l'étant point, il faut que cette tranche soit arrachée à force de bras.

La charrue de *Roville* fonctionne depuis longtemps dans les cantons de *Caylus* et *St.-Antonin*, dans les terres argilo-calcaires, appelées vulgairement terres fortes. Les cultivateurs qui ont adopté cette charrue n'ont qu'à s'en louer. Quelques personnes ont exprimé l'opinion que le terrain de Tarn-et-Garonne était réfractaire à la charrue de *Roville*, et que cette charrue n'était

propre qu'à exécuter des labours profonds : c'est une
double erreur ; pour s'en convaincre on n'a qu'à se
transporter dans les cantons que je viens de citer ; il est
vrai de dire qu'il est impossible de construire un instrument qui satisfasse également à toutes les nécessités ;
il serait absurde de vouloir que la même charrue exé-
cutât parfaitement un labour de 3 pouces et un labour
de 18 pouces. Chaque charrue a nécessairement des
limites au-dessous et au-dessus desquelles elle laboure
mal. Par exemple la grande charrue de *Roville* laboure
bien de 5 à 9 pouces de profondeur ; la deuxième grandeur exécute de bons labours dans les limites de 4 à
8 pouces. Cependant la première ne laboure parfaitement qu'à la profondeur de 6 à 7 pouces, et la seconde
à celle de 5 à 6 pouces.

De toutes les charrues indigènes qui fonctionnent
dans le département, la seule qui nous paraisse mé-
riter l'attention du cultivateur c'est celle qu'on construit à Labastide-du-Temple ; elle est exécutée sur
le modèle *Lacroix*. Cette charrue nous paraît réunir
toutes les conditions nécessaires pour former une bonne
charrue ; elle trace un sillon profond, divise facilement
la terre, l'ameublit et enterre très-bien les chaumes ;
elle convient à toutes les natures de sol : elle exige
une force de tirage moitié moindre que les charrues
ordinaires ; elle accélère le travail, car elle fouille en
trois sillons un mètre de largeur de terrain ; elle rend
le travail plus régulier et donne peu de peine à conduire, car l'enrure étant fixée par le régulateur à
une profondeur donnée, le laboureur n'est plus obligé

de faire des efforts continuels sur le mancheron pour maintenir la charrue à cette profondeur. Son entretien est presque nul, tout le corps de la charrue étant en fer et d'une solidité qui le rend indestructible.

DE LA CHARRUE A DEUX VERSOIRS OU BUTOIR.

La charrue a deux versoirs est très-précieuse pour buter les pommes de terre, le maïs, le colza, la bette-rave champêtre ou disette, la carotte, les haricots, les pois et autres plantes qui demandent un butage éner-gique. Ces récoltes étant semées en ligne et séparées par un intervalle de 27 pouces, la charrue à butter passe dans les intervalles, et les jeunes plantes se trouvent entourées de toute la terre nécessaire à leur nutrition. Elles peuvent étendre leurs racines latéralement et loger leurs tubercules dans les flancs de l'edos. Avec une paire de bœufs cette opération peut se faire en une seule fois. Si on voulait opérer le butage en deux fois, à huit ou dix jours d'intervalle, on devrait écarter beaucoup les versoirs à la première opération, en pre-nant 3 ou 4 pouces de profondeur, et à la seconde fois on s'enfoncerait de quelques pouces de plus, en écar-tant un peu moins les versoirs. Cet instrument est très-commode pour faire les sillons d'écoulement, opé-ration si importante pour toutes les semailles, et sur-tout dans les terres argileuses.

DE LA HERSE.

Après la charrue, l'instrument le plus utile est la herse à dents de fer. La herse est un instrument destiné à ameublir et pulvériser la surface d'un terrain labouré, et à couvrir aussi plusieurs sortes de semences sur un sol ameubli; sa forme doit être telle que les dents qui la composent tracent des lignes distinctes parallèles entre elles et également distantes. La herse est un parallélogramme subdivisé par des traverses auxquelles sont assujéties des dents de fer, dont la position est oblique à la surface du sol. Cela permet d'augmenter ou diminuer l'effet de la herse, selon qu'elle marche la pointe des dents en avant ou en arrière. On peut aussi, en chargeant la herse de grosses pierres, augmenter presque à volonté l'énergie du hersage. La pesanteur de la herse est calculée de manière à ce que deux bêtes attelées de front puissent facilement la traîner, la pointe des dents en avant.

Dans les terres fortes, la herse peut très-bien enterrer les semences de printemps, telles que l'avoine, l'orge, les vesces et toutes les graines fines qu'on sème à la volée sur un labour d'hiver, lors-même que le terrain serait trop humide pour faire entrer la charrue. On sait qu'après un labour d'hiver la surface des terres argileuses est toujours très-meuble, tandis qu'elles ont souvent repris leur consistance à quelque profondeur. En passant la herse sur les blés, au mois de mars, par un temps sec, on pulvérise les mottes de terre qui buttent ainsi les jeunes plantes, en sorte qu'elles tallent beaucoup, et que la végétation prend une grande vigueur; c'est un fait constaté par l'expérience dans les pays où cet instrument est depuis longtemps en usage.

3

Lorsqu'on veut, par une jachère complète, ou seulement une demi-jachère, nettoyer le sol des mauvaises herbes, cet instrument devient d'une grande importance. Après un labour la herse en ameublissant la surface du terrain, provoque la génération des graines que l'on peut détruire par un labour subséquent. En répétant plusieurs fois cette opération, on parvient à nettoyer la terre beaucoup mieux que par un plus grand nombre de labours, qui ne seraient pas entremêlés de hersage.

Dans les terres légères et même de moyenne consistance, un hersage donné sur un terrain labouré en temps sec détruit très-bien le chiendent et en facilite l'amoncellement pour le brûler ou le transporter hors du champ. Enfin dans les mêmes terres on pourrait très-bien en recouvrir les semences des céréales d'hiver.

DU ROULEAU.

Le rouleau vient souvent à l'aide de la herse pour briser les mottes qui ont résisté à l'action de cette dernière. On construit les rouleaux tantôt en bois, tantôt en pierre et tantôt en fonte; quelque fois on ajoute des pointes de fer aux rouleaux en bois, ou l'on a recours à d'autres combinaisons dont l'usage s'est peu répandu, parce qu'elles présentent dans la pratique divers inconvénients qui en ont restreint l'usage. Le rouleau squelette fonctionne d'une manière très-satisfaisante en brisant les mottes de terre beaucoup plus efficacement que tous ceux que l'on avait employés jusqu'ici. C'est un instrument qu'on trouvera sans doute fort utile dans un grand nombre de cas; il est fâcheux que le prix en soit un peu élevé, à cause du poids de la matière qui le compose. Ce rouleau est presque entièrement en fonte et en fer forgé; son poids est d'environ cinq cents livres.

DE LA MACHINE A BATTRE LES GRAINS.

De toutes les opérations de l'économie rurale, il n'en est guères de plus coûteuse et souvent de plus désespérante que celle du battage des grains. La méthode de battre en plein air, usitée dans notre pays, présente de graves inconvénients, et elle expose les produits des récoltes à des avaries fréquentes.

Le battage au fléau est une opération lente, pénible et qui s'exécute souvent d'une manière très-imparfaite.

La machine à battre remédie à tous ces inconvénients. Elle se meut au moyen d'un rouet horizontalement placé au sommet d'un fuseau, dans un manège, que les chevaux parcourent circulairement au pas ordinaire du roulage. Les dents de ce rouet s'engrènent dans une lanterne qui imprime un mouvement de rotation à un arbre horizontal, dont l'extrémité opposée transmet ce même mouvement à une roue dentée verticale. Deux cylindres cannelés, superposés l'un à l'autre, suivent la rotation de la roue. Au devant de ces cylindres se trouve une table sur laquelle on étend les pailles pour les présenter à l'action de ces mêmes cylindres dévorateurs. Ces derniers attirent les tiges de blé et les introduisent dans l'intérieur d'un bâtis

en planches ou en fer, analogue à celui d'un tarare ou
vannoir. A mesure que les épis se présentent, ils reçoivent l'action des batteurs. Les batteurs sont des
barres de bois de chêne de trois pouces d'épaisseur,
assujétis par les deux bouts à un tambour au moyen
de deux cercles en fer. Ce tambour reçoit le mouvement par l'intermédiaire d'un pignon qui le multiplie,
en sorte qu'il fait 200 à 300 tours par minute, pendant
que les cylindres n'en font que 21. Il s'ensuit que les
tiges du blé reçoivent un coup des batteurs à chaque
demi-pouce. Le même mécanisme met en jeu un râteau
qui promène la paille sur un grand crible au-dessous
duquel se trouve un ventilateur qui sépare le grain
de la balle et des débris de paille dont il est mêlé. La
paille enfin est poussée par le râteau hors de la machine, le long d'un plan incliné au bas duquel se trouve
un homme pour la recevoir. Le service de cette machine peut être fait à la rigueur par 3 hommes et tout
au plus par 4 ou 5, en y comprenant celui qui fait
marcher les chevaux. Ceux-ci peuvent être au nombre
de 2, de 3 ou de 4 suivant la force de la machine. M.
de Dombasle obtenait communément 120 litres de blé
ou 190 litres d'avoine par heure de travail de chaque
cheval. On sent au reste, que la quantité du grain
obtenu est subordonnée à la fécondité des épis et à la
longueur de la paille. Quoi qu'il en soit, M. de Dombasle établit par le calcul que l'économie produite
par la machine, en tenant compte de l'intérêt du prix
d'achat et des frais d'entretien, est de près de moitié
par rapport au fléau.

Mais ce n'est pas là son plus grand avantage. Il consiste dans la précision avec laquelle la paille est dépouillée, en sorte qu'on évalue à un quinzième, terme moyen, l'excédant en grains que donne la machine comparativement avec le battage au fléau. On peut donc conjecturer que la machine à battre procurerait un dixième de blé de plus que la dépiquaison usitée dans le pays. Il était à désirer que la machine à battre pût être rendue portative en sorte qu'on fût en état de l'envoyer successivement travailler dans différentes fermes. Ce but a été atteint; il en existe plusieurs de ce genre dans le département de l'*Aveyron* qui fonctionnent très-bien. C'est dans les granges, ou en plein air, sans préparations préalables, qu'on les fait fonctionner. Leur mécanisme diffère un peu plus, un peu moins, de celui que nous venons de détailler, suivant les différents besoins des localités; ordinairement elles sont mues par deux chevaux, mais il en existe pour un seul. A notre avis, l'usage des machines à vapeur à condensateurs, ou sans condensateurs, comme force motrice, doit être restreint aux contrées qui produisent la houille.

DE L'INTRODUCTION DES NOUVEAUX INSTRUMENS D'AGRICULTURE DANS UNE EXPLOITATION RURALE.

Je suis dans la persuasion que les nouveaux instruments d'agriculture resteront, à un très-petit nombre d'exceptions près, dans le domaine de la théorie. J'ai peine à concevoir que leur propagation soit si lente alors qu'ils offrent de si grands avantages.

Lorsqu'un cultivateur est habitué à mettre lui-même la main à l'œuvre et à conduire ses instruments, il ne doit éprouver aucune difficulté pour introduire dans son exploitation ceux dont il a reconnu les avantages.

Il fera lui-même les essais nécessaires, et lorsqu'il maniera bien un instrument vraiment bon et utile, il pourra compter sur la docilité et la bonne volonté de ses ouvriers auxquels il le confiera ensuite.

Dans les exploitations où les travaux manuels sont exclusivement réservés à des hommes à gage, cela exige plus de circonspection ; si une fois on a laissé s'introduire parmi les ouvriers l'opinion que tel instrument ne vaut rien, que cela n'est bon que dans les livres, que cela ne peut convenir qu'à une autre qualité de terre, etc., on éprouvera ensuite des difficultés, que la persévérance et la volonté la plus ferme ne pourront peut-être surmonter.

Dans tout le département, on suit le système de métayage. Nos colons partiaires sont communément de pauvres cultivateurs laborieux qui entreprennent de gratter la terre d'autrui dans la vue d'avoir un sujet d'occupation pour eux et leur famille, et qui se résignent à tirer tout au plus de leurs sueurs, de leurs angoisses, des chances auxquelles ils s'exposent, un salaire inférieur à celui des valets de ferme : pour eux point de système, point de combinaison ; quand ils ont poussé le fer jusqu'à la douille, ils ont atteint le sublime de leur art. Si l'on met brusquement entre leurs mains un instrument, peut-être imparfaitement construit, ou qu'ils ne savent pas ajuster ni manier, avec

l'ordre de l'employer, on doit s'attendre que lorsqu'ils
ne pourront vaincre les difficultés qu'ils rencontreront
dans les essais tentés sans aucun désir de réussir, l'instrument sera réprouvé, et comme ils ne voudront pas
se déclarer maladroits, leur amour propre mettra de
très-bonne foi à la charge de l'instrument les obstacles
qui n'existent souvent que dans leur inexpérience.

Chaque fois qu'on parle à certains cultivateurs de
procédés ou de méthodes qui sont en usage dans d'autres pays, leur réponse est toujours prête : la différence
des terres, la différence des climats; c'est là pour eux
une raison suffisante pour ne rien essayer des choses
les plus utiles, qui se font à quelques lieues d'eux.
Nous ne prétendons pas, au reste, que toutes les
méthodes qui sont avantageuses dans d'autres pays
doivent être adoptées dans notre département indiffé-
remment et sans examen; mais il est absurde de re-
pousser un procédé utile, par la seule raison qu'il vient
de vingt, quarante, ou même cent lieues, lorsque le
climat est à peu près le même que le nôtre : se faire
un prétexte pour ne pas l'essayer, en se fondant va-
guement sur la différence des terres et des climats,
c'est la ressource de la paresse et de l'insouciance.

DES LABOURS.

Les labours ont-ils pour objet de fertiliser la terre en
la rendant perméable aux fluides répandus dans l'atmosphère, ainsi qu'à la lumière et au calorique, lesquels,
n'en déplaise à nos physiciens du jour, ont une action
trop évidente sur la végétation pour n'être autre chose

que des ondulations? Telle paraît avoir été l'opinion de *Virgile*, qui recommande d'exposer successivement la terre à l'action du froid et du soleil : *Bis qua, Solem bis frigora sensit.* Ou bien cette opération ne produit-elle qu'un effet mécanique en détruisant les mauvaises herbes et en divisant la terre de manière à permettre aux graines que l'on sème d'étendre leur radicules et leurs feuilles naissantes? Mais si cette dernière opinion était fondée, il s'ensuivrait qu'un labour parfait, exécuté immédiatement avant de semer, serait aussi favorable à la production qu'un labour ancien et même que plusieurs labours; ce qui, en général, est démenti par l'expérience.

Lorsque, dans le système de la jachère, on laboure avant l'hiver, qu'on donne ensuite une seconde raie en mars ou avril, et une troisième en été, la récolte est infiniment plus belle que si l'on se contente de donner le premier labour aux approches du solstice d'été. On a donc lieu de penser que le contact de l'atmosphère exerce une action fertilisante sur les terres labourées. L'action de l'air sur les oxides métalliques, dont la terre est plus ou moins mélangée, ne peut être révoquée en doute. Lorsqu'on ramène à la surface un sous-sol rendu noirâtre par l'oxide de fer, on le voit, s'il demeure longtemps exposé à l'air, acquérir peu à peu une couleur rougeâtre de rouille, attendu qu'il absorbe l'acide carbonique de l'atmosphère; alors cet oxide, passé à l'état de carbonate, a perdu ses qualités délétères, et le sous-sol devient très-apte à la végétation.

Quoi qu'il en soit, et sans trop vouloir expliquer le

travail secret que la nature exécute sur les terres labourées, contentons nous de rassembler quelques faits
qui pourront nous guider dans la pratique du labourage.

Et d'abord, tenons pour certain que de toutes les
opérations de l'art agricole, celle-ci est la plus importante; d'elle dépend le succès de toutes les autres. Il
est donc essentiel de s'appliquer à donner aux labours
toute la perfection possible.

Par les labours, la composition et la consistance du
sol sont améliorées et rendues propres à la nature des
différentes espèces de plantes qu'on cultive. Par leur
aide, les engrais et les semences sont mieux répartis.
Le cultivateur y trouve un moyen d'éviter les dom-
mages que cause une humidité surabondante.

Il est certain qu'il n'y a pas de bonne agriculture
là où les labours sont imparfaits. Il est très-probable
que, dans un canton composé principalement de terres
arables, on perd annuellement un tiers des récoltes,
sur un grand nombre des meilleures pièces de terre,
par l'insuffisance des labours. C'est donc un sujet qu'on
ne peut examiner avec trop de soin. Il est bien connu
que l'attelage, conduit par un bon laboureur, est bien
moins fatigué que celui qui est confié à un homme
maladroit ou inexpérimenté, et qu'on remarque une
différence considérable dans les récoltes des sillons
labourés par un mauvais ouvrier, comparés à la partie du même champ où le labourage a été bien exécuté.

Mais quelles sont les conditions d'un bon labour?

4

C'est ce que nous allons examiner. Mais auparavant il est bon d'avertir le lecteur que, dans cette matière, on ne peut point établir, sous tous les rapports, une règle absolument générale. Les circonstances du labourage doivent varier suivant la nature du sol, de la récolte précédente et de celle qui doit suivre.

Néanmoins, il faut poser comme un principe fondamental qui ne souffre point d'exceptions, qu'il n'y a de bon labour que celui qui ne présente point de chevets ou places non labourées, et dont la bande est bien retournée. Il est surtout essentiel que toute la terre soit coupée au fond du sillon. Sans quoi les chardons ne sont pas détruits, et l'eau ne peut point s'écouler vers la raie ouverte destinée à la recevoir et à la conduire hors du champ.

La profondeur du labour est un point essentiel. Les labours profonds produisent deux effets qui semblent contradictoires; ils préservent tour à tour les plantes de l'excès de l'humidité et de la sécheresse. Mais la contradiction n'est qu'apparente. Lorsque la terre est profondément remuée, les eaux s'écoulent en hiver au-dessous des racines des plantes, et pendant les chaleurs, il arrive que l'introduction de l'air est favorisée; ce qui donne lieu à une évaporation propre à fournir l'humidité nécessaire pour entretenir la végétation.

Ainsi donc toutes les fois que le sol peut le permettre, il est avantageux de labourer à toute la profondeur que l'on peut obtenir d'une bonne paire de bœufs. Il est même très-profitable de donner de temps en temps un labour plus profond, en doublant l'atte-

lage, principalement au commencement de chaque
rotation.

Les labours profonds conviennent à toute espèce de
terrain, soit qu'il participe de l'argile, du calcaire ou
de la silice. Cependant la prudence exige, avant de
s'enfoncer dans un terrain inconnu, d'examiner avec
soin la nature du sous-sol; s'il est composé d'un sable
ocreux, il y aurait certes du danger de le ramener à
la surface; il est encore des sous-sols de nature différente, qui, ramenés brusquement à la surface, frap-
peraient la terre d'une infertilité momentanée. Mais
presque toujours, on peut les mettre à contribution
avec avantage en observant de n'entamer cette couche
inférieure que peu à peu et par lames minces, et cela
seulement dans le premier labour de jachère avant
l'hiver.

L'utilité des labours profonds est incontestable. Elle
se fait remarquer en général sur toutes les récoltes;
mais c'est particulièrement pour le trèfle, les raves,
les fèves et les pommes de terre, qu'il est très-avanta-
geux de ramener à la surface une terre neuve.

Nonobstant ce qui précède, on évitera de labourer
trop profondément, 1° le terrain parqué par le trou-
peau; 2° celui sur lequel on aura répandu de la chaux
ou de la marne. Il ne faut pas excéder en pareil cas
cinq à six pouces, de peur de mettre les engrais hors
de la portée des racines de la récolte. Voici encore une
autre exception, mais elle porte sur la règle posée plus
haut de donner la plus grande profondeur au premier
labour.

Lorsqu'il s'agit de rompre un terrain gazonné, il faut commencer par un labour superficiel qui écorche pour ainsi dire le terrain; ensuite on prend quatre ou cinq pouces plus bas, et on place ainsi le gazon entre deux terres. Par ce procédé on fait profiter la récolte de la décomposition des herbes, qui, sans cela, tomberaient au-dessous de la sphère de végétation.

A présent, nous avons à examiner une autre question non moins intéressante pour la bonté du labourage. De quelle manière faut-il placer la bande de terre? Nous croyons utile de la renverser de manière à ce qu'elle soit placée sous un angle de 45 degrés. Notre méthode est fondée sur l'opinion que les deux principaux objets du labourage sont d'exposer la plus grande surface possible à l'action de l'air, et de disposer la bande de manière à ce que le hersage puisse produire la plus grande quantité de terre meuble pour recouvrir la semence. Or l'angle de 45 degrés procure la disposition la plus propre à atteindre ces deux buts importants. La Charrue de *Roville* a été construite de façon à verser sous un angle de 45 degrés. Le maniement de cette charrue, ne présente aucune difficulté réelle; cependant il exige quelqu'attention et quelques soins particuliers de la part des hommes qui ont l'habitude de manier la charrue indigène. Je crois qu'un homme intelligent, armé de bonne volonté, réussira facilement à la manier, au moyen des directions suivantes.

En conduisant la charrue de *Roville*, le laboureur doit faire aussi fréquemment le mouvement de soulever les mancherons, que celui d'exercer une pression

verticale; il doit donc se placer de manière à pouvoir
exécuter facilement ces deux mouvements, qui, au
reste, pour l'homme qui manie bien l'instrument,
doivent toujours être très-doux, très-modérés; ils n'exigent que très-peu d'efforts. Pour cela le laboureur doit
marcher dans la raie, le corps droit. Il doit saisir les
mancherons par dessous, en plaçant, par dessus, le
pouce et l'extrémité des doigts, et le poignet de côté
et non en dessus, comme le fait le laboureur qui manie la charrue à timon raide.

La charrue s'enfonce, lorsqu'on soulève les mancherons; elle sort de terre ou prend moins de profondeur, lorsqu'on presse sur les manches. Lorsqu'on
veut prendre plus de largeur de raie, on incline légè-
rement la charrue à droite, et on l'incline au contraire
un peu vers la gauche, lorsqu'on veut diminuer la
largeur de la raie, ou plutôt de la tranche de terre que
prend la charrue.

Dans notre département, on est généralement dans
l'usage de labourer par planches ou billons.

La largeur des billons doit être plus ou moins grande,
suivant la nature des terres. Dans un sol léger et perméable à l'eau, on peut leur donner telle largeur qu'on
juge à propos, puisque les raies ouvertes y sont à
peu près inutiles, et qu'on pourrait, sans inconvénient, labourer à plat. Mais sur les terrains argileux,
humides, la largeur des planches ne peut guère excéder 24 pieds.

Il y a deux manières de former les billons, en en-
dossant et en fendant; suivant la première de ces

méthodes, on trace au milieu du billon une première raie le long de laquelle on ouvre la seconde de l'autre côté, en sorte que les deux bandes retournées se rencontrent et forment un ados. Quand on billonne en fendant, on commence sur le bord du billon d'un côté, et l'autre va tracer la seconde raie sur le bord opposé : ainsi de suite jusqu'à ce qu'on finisse au milieu par une raie ouverte.

On est assez dans l'habitude de former les billons toujours en adossant, de telle sorte qu'ils sont extrêmement bombés. Nous n'approuvons pas cette méthode. En conséquence, lorsque nous nous occupions d'agriculture pratique, nous avions pris le parti de billonner une fois en adossant et ensuite en fendant; de cette manière, à chaque labour, on commence au bord de la raie ouverte, c'est-à-dire au point où le labour précédent a fini. Par là, on maintient la surface du champ unie comme une bêchée; les raies des planches sont droites sans égard au mouvement du sol, mais ensuite on les coupe transversalement par des sillons qui suivent la direction des pentes et procurent ainsi l'écoulement des eaux.

Sur les terrains en pente nous conseillons de tracer les billons en diagonale, de façon qu'ils soient dirigés à droite en partant du sommet. Cette direction élude la difficulté du terrain autant que possible : le versoir jette la terre toujours en bas, même en remontant, et l'attelage n'est pas trop fatigué.

On a beaucoup dit pour et contre la pratique du billonnage. Nous disons nous, avec notre expérience, et nous appuyant de l'opinion d'auteurs recommandables, que si les billons ont parfois des avantages incontestables, le labour à plat ou en planches doit être préféré dans la plupart des cas; que si les billons sont larges et fort relevés, la meilleure terre se trouve inutilement amassée dans le milieu, et peu à peu mise hors d'action par la profondeur à laquelle elle est enfouie; qu'à la vérité, dans les climats humides, la sommité des ados se trouve à l'abri des infiltrations, mais que les bas côtés y sont d'autant plus exposés que l'eau, par une cause ou une autre, s'accumule presque toujours, au moins par places, dans les rigoles, et qu'il est le plus souvent impossible de faire des saignées dans le sens des diverses pentes du terrain; — que dans les temps de sécheresse, lorsqu'il survient une pluie d'orage, au lieu de pénétrer dans la croûte durcie, qui forme la surface du sol, elle ne fait que glisser à sa superficie, de sorte que quelquefois les rigoles sont insuffisantes pour contenir l'eau qui s'y est jetée, tandis que l'ados se trouve presque aussi sec qu'auparavant; — que lorsque les billons sont dirigés de l'est à l'ouest, les récoltes sont ordinairement moins belles et toujours beaucoup plus retardées dans leur végétation du côté du nord que de celui du midi; — que dans les terres sujettes au déchaussement, le billonnage augmente encore cette fâcheuse disposition; — enfin, que non-seulement avec de hauts billons, les labours et surtout les hersages sont plus difficiles, l'usage des rouleaux impossible, mais que les labours croisés qui sont parfois si

utiles pour remédier à l'imperfection des autres dans
les terres fortes, sont impraticables; — si les billons
sont étroits, tout en conservant une grande élévation, l'endossement demande beaucoup de temps et
exige une grande force de tirage; il n'est pas plus aisé
de refendre; l'ensemencement est irrégulier et les
travaux de la récolte se font encore avec moins de
facilité. La multiplicité des raies occasionne une perte
notable de terrain. Quand aux billons très-étroits
composés d'un petit nombre de traits de charrue, et
dont l'usage se lie nécessairement à celui des semis
sous raie, ils sont accompagnés d'un si grave inconvénient qu'ils devraient être proscrits comme méthode générale de culture. Cet inconvénient, senti de
tous les praticiens, consiste à forcer le cultivateur à
labourer, à l'époque même des semailles, toute la sole
qu'il veut ensemencer, ce qui exige une espace de
temps considérable pendant lequel la saison n'est
pas toujours favorable; tandis que, donnant à l'avance
le labour de semaille, on a la faculté de choisir le
temps le plus convenable pour répandre la semence
et pour l'enterrer à la herse ou à l'extirpateur.

On a imaginé une espèce de herse, laquelle, au
lieu de simples chevilles, est armée d'un certain
nombre de pieds en patte d'oie, fixés à un cadre en
bois par des boulons. Ces pieds ne sont autre chose
que de petits socs triangulaires que l'on dispose de
manière à ce que la trace de l'un rentre de quelques
lignes dans celle de l'autre, afin que tout le terrain
que l'instrument parcourt soit complètement remué.

On a donné à cet instrument le nom d'extirpateur. Son objet principal, ainsi que son nom l'indique, est d'extirper les mauvaises herbes. Il y a des extirpateurs à 3 et à 5 pieds.

Comme un des principaux objets du labourage est de détruire les mauvaises herbes, on ne doit rien négliger pour atteindre ce but. En conséquence, on a imaginé de faire déchaumer les champs immédiatement après la moisson, et cela au moyen de la herse ou de l'extirpateur, ou de la ritte. Ce dernier instrument n'est autre chose qu'une lame de fer que l'on adapte à la charrue après en avoir ôté le versoir. Lorsque la surface de la terre a été ainsi remuée, les premières pluies font germer les graines, et les herbes qui échappent à la dent du bétail sont enterrées par le labour qui vient après.

Tels sont les procédés du labourage perfectionné. Cette perfection dépend non-seulement de la bonne construction des outils, mais encore de l'adresse avec laquelle ils sont dirigés. Le premier talent du laboureur est de savoir bien dresser son attelage. Or, c'est en quoi pèchent communément nos bouviers. Il arrive souvent qu'ils se mettent en état habituel d'hostilité envers les bœufs, qui n'aspirent qu'à vivre en paix avec leur maître et à le contenter; ces pauvres animaux, tout dociles qu'ils sont naturellement, s'accoutument à regarder de travers leur conducteur tracassier; leur caractère s'aigrit, et ils conçoivent intérieurement un esprit d'opposition qui se manifeste de temps en temps par des écarts et des mou-

vements d'impatience aussi contraires à la perfection
du labourage qu'à la conservation des charrues.
Vendome disait que, dans les marches de son armée,
il avait souvent examiné avec attention les querelles
des mulets et des muletiers, et qu'à la honte de l'espèce humaine, il avait été forcé de juger que presque toujours c'est le mulet qui a raison. A fortiori
devons nous donner gain de cause au bœuf contre
le bouvier. Celui-ci se livre à des accès d'humeur et
de caprice, il attaque son attelage à grands coups d'ai-
guillon, et lui déchire le tympan par des intonnations
aigres, plus aigues encore et plus insupportables. Il
faut nécessairement qu'il y ait dans le pouvoir un
venin âcre qui exalte la bile, corrompt les humeurs,
étouffe le sentiment naturel de la commisération et
de la justice. Or, rien ne pèse sur le cœur comme
l'injustice ; c'est une chose que ni gens ni bêtes ne
peuvent pardonner.

Veillez donc surtout à ce que vos domestiques ne
maltraitent pas les animaux sans sujet.

DE LA HOUE A CHEVAL.

De tous les outils qui ont été inventés dans ces
derniers temps, il n'en est aucun qui tienne plus
essentiellement à l'agriculture perfectionnée que la
houe à cheval.

L'objet le plus spécial de cette agriculture étant de
nettoyer le terrain que les mauvaises herbes dévorent,
les récoltes sarclées doivent occuper une grande place
dans un assolement combiné d'après ce principe. Or,

les sarclages à la main sont trop coûteux et, dans
plus d'une localité, ils sont impraticables faute de
bras. Non-seulement ils absorbent communément le
tiers de la récolte, mais ils ont encore l'inconvénient
beaucoup plus grave de faire hausser le prix de la
main-d'œuvre hors de toute proportion, de nuire par
conséquent à la culture du blé et de sacrifier ainsi le
principal à l'accessoire.

La houe à cheval exécute dans un jour le travail
de seize pionniers robustes et de bonne volonté ; ce
qu'elle laisse à faire est si peu de chose pour la main
de l'homme que l'on obtient des sarclages parfaits à
très-bon marché, ce qui n'est guère possible à obtenir, même à très-haut prix, lorsqu'on emploie la
houe des mercenaires.

La houe à cheval est une espèce de herse qui s'ouvre et se resserre à volonté, elle porte dans le centre
un soc en patte d'oie et, sur les côtés, des pieds à
lame qui font l'office de rattissoire. Cette houe bien
dirigée peut servir au sarclage de toutes sortes de
plantes, telles que pommes de terre, haricots, maïs,
colza, carrottes, etc.

DU RAYONNEUR.

Après avoir éliminé autant que possible les sarclages à la main, il restait, pour bien entrer dans
l'esprit du système perfectionné, d'économiser encore,
par des moyens mécaniques, le temps nécessaire au
semis des plantes que l'on cultive par lignes. C'est
dans ces vues qu'on a inventé les semoirs. Mais cela

ne suffisait pas; les semoirs ont besoin d'une raie qui
serve tout à la fois à marquer leur direction et à recevoir la graine. On a donc senti la nécessité d'une machine propre à tracer des raies d'une manière régu-
lière et expéditive. Tel est l'objet du rayonneur. Cet
instrument ressemble beaucoup à l'extirpateur; la
seule différence est qu'il n'a qu'un rang de pieds qui
sont espacés à des distances égales, et que l'on peut
varier à volonté. Le rayonneur sert à tracer le long
des sillons des lignes bien parallèles pour la plantation
ou semaille des plantes qu'on veut cultiver en rayons,

DU SEMOIR.

La semaille en lignes s'exécute à l'aide d'instruments nommés semoirs, et dont la construction est
fort variée. Ceux que l'on désigne sous le nom de semoirs à brouette, sont conduits par un seul homme
et ne sèment qu'une ligne à la fois, soit dans la raie
ouverte par la charrue, soit dans les raies tracées
préalablement par le rayonneur. J'ai employé cette
espèce de semoirs pendant longtemps, et je les recommande avec confiance, parce qu'ils sont très-
simples, peu coûteux et faciles à conduire.

Un homme avec un semoir à brouette, peut semer
environ un hectare et demi dans sa journée, lorsque
les lignes sont à dix-huit pouces.

Les semoirs destinés aux graines fines, comme colza,
carottes, choux, navets, etc., sont d'une construction différente de ceux qui servent aux pois, fèves,
maïs, etc.

Une terre meuble par sa nature, ou bien ameublie par de bonnes cultures préparatoires, est nécessaire à l'action de tous les semoirs.

Une précaution très-importante dans l'emploi de cet instrument est de bien nettoyer préalablement toutes les graines que l'on veut semer; sans cela il arrivera souvent que le semoir fonctionnera mal.

DES INSTRUMENTS DE LA MOISSON.

L'usage le plus ordinaire est de couper les céréales à la faucille. Dans quelques localités, on coupe à la faux les orges et les avoines, et même on étend quelquefois cette méthode au blé. Ordinairement les grains coupés à la faux laissent l'éteule moins longue qu'à la faucille; c'est un avantage assez important, à cause de l'augmentation de paille qui en résulte. Un ouvrier peut faire une bien plus grande étendue de terrain dans la journée, avec la faux qu'avec la faucille; mais aussi des hommes forts et exercés peuvent, seuls, faire ce travail, tandis que les vieillards, les femmes et les jeunes gens, peuvent manier la faucille; aussi le prix qu'on paie ordinairement pour une étendue donnée de terrain, dans l'une et l'autre de ces deux méthodes, ne présente-t-il pas une très-grande différence. Il est certain qu'un faucheur habile, avec un instrument bien disposé, peut abattre les céréales sans les égrainer mieux qu'avec la faucille; mais il faut, pour cela, que la récolte soit à pleine faux, un peu élevée, et nullement versée; dans les autres cas, l'emploi de la faucille est nécessaire. Au total, nous ne trouvons pas, à l'une ou à l'autre de ces deux méthodes, des avantages assez importants pour qu'on doive s'écarter de l'usage du pays qu'on habite. L'emploi de la faucille présente le grand avantage de donner de l'occupation à un grand nombre d'individus, il est certain qu'elle s'applique mieux aussi à toutes les circonstances, et qu'il faut une grande habitude de la part des faucheurs, pour que les épis soient disposés aussi régulièrement dans la gerbe qu'ils le sont après le faucillage, ce qui n'est pas sans inconvénient pour le battage.

DES BESTIAUX ET DES ENGRAIS.

Peut-être nous demandera-t-on compte de l'ordre que nous avons adopté dans l'exposition des différentes parties de l'agriculture perfectionnée. Après avoir parlé du labourage, il paraîtrait naturel de faire arriver successivement les procédés particuliers de culture qui conviennent aux différentes récoltes destinées à profiter de cette première préparation. Mais alors nous aurions imité la méthode des naturalistes qui classent les objets d'après les rapports naturels qu'ils ont entre eux, tandis que le but que nous avons en vue est bien différent. Il s'agit ici de développer la marche d'un art de combinaison, et non de classer les matériaux d'une science spéculative. En prenant la plume, nous nous sommes proposé, non d'entasser des formules, mais de montrer l'exploitation rurale dans son ensemble systématique, de faire sentir que le succès ne tient pas uniquement à telle ou telle récolte en particulier, mais qu'il dépend de la proportion et de l'harmonie qu'on a soin d'entretenir entre les différentes cultures; nous avons voulu surtout démontrer qu'il est dangereux d'innover d'une manière partielle et décousue, qu'il est essentiel de procéder toujours d'après un plan général bien calculé, approfondi sur tous les points. La chose n'est pas si facile. Comment peut-on se ruiner en cherchant à perfectionner. Telle est l'idée fondamentale et, pour ainsi dire, le canevas de mon essai. Si j'arrive à l'expression fidèle et complète de cette idée, mon faible écrit ne sera pas sans utilité pour ceux qui daigneront le lire.

Lorsqu'il s'agit d'étudier une machine pour en construire une semblable, la première chose à considérer, c'est le moteur; on s'occupe ensuite des combinaisons les plus propres à utiliser la force produite; l'agriculture est une machine, le labourage et le pâturage composent la force motrice. Ecoutez le sage *Caton* : qu'est-ce que c'est que bien cultiver? Premièrement, bien labourer; en second lieu, labourer; en troisième lieu, fumer.

Quid est agrum bene colere? Bene arare. Quid secundum? arare. tertio? stercorare. Bene arare, c'est-à-dire avoir une bonne charrue, bien attelée, bien dirigée, voilà la perfection. *Arare*, c'est-à-dire labourer tant bien que mal, avec une mauvaise araire et des bœufs maigres, voilà la méthode ordinaire. Et cependant *Caton* met le labourage imparfait en seconde ligne avant le fumier; tant le labourage paraît important aux yeux de ce profond observateur.

Ainsi donc, prenant pour texte ce passage du censeur romain, j'ai dû commencer par les outils aratoires et les labours; maintenant, je vais parler des bestiaux considérés dans le système perfectionné, ensuite je tâcherai d'expliquer les détails de la culture des diverses plantes qui entrent dans ce système.

Dans l'état nomade, le bétail n'a de prix que par sa chair, son lait et sa dépouille; dans l'état agricole, il a de plus le mérite de fertiliser les terres et d'être le soutien de la culture. Celle-ci est, par essence, rivale et ennemie du bétail et ne peut s'en passer.

Lorsqu'on a entrepris d'accroître les produits de la culture la première idée qui s'est offerte à l'esprit a été la suppression de la jachère. Mais le berger a poussé les hauts cris; comment faire subsister son bétail? On a imaginé alors de cultiver des herbages et de faire servir la charrue elle-même à la subsistance de ces mêmes troupeaux, qu'elle avait paru jusque-là destinée à affamer. L'invention des prairies artificielles a été un grand pas vers la perfection, mais leur emploi a été d'abord mal conçu.

En faisant entrer les prairies artificielles dans le système usité il a fallu nécessairement leur abandonner une portion des terres destinées aux récoltes en grains, et la culture a été restreinte de plus en plus sans compensation suffisante, attendu que ces prairies envahies par les mauvaises herbes n'ont donné que des produits médiocres.

On a donc senti la nécessité des sarclages, et comme

cette opération est coûteuse, on a imaginé de l'appliquer à une récolte qui pût la recevoir commodément
et la payer; de là, l'introduction des récoltes préparatoires cultivées par lignes.

On a d'abord eu l'idée de cantonner les prairies
artificielles et d'avoir, par exemple, des tréflières
inamovibles, comme on a des chenevières et des jardins; mais bientôt on s'est aperçu que le fourrage ne
réussit pas constamment dans la même terre; et peu
à peu la loi de l'alternance a été découverte.

A mesure qu'on cultivait les fourrages artificiels
et qu'on détruisait les herbes des champs, la nécessité de cette culture se faisait sentir davantage; mais
comment la faire cadrer avec le système d'exploitation ancien? La chose est impraticable. On a donc
pris le parti de le refondre en entier, et de changer
l'assolement.

La durée de la rotation et la division de l'assolement sont déterminés par le fourrage que l'on cultive.
L'assolement de quatre ans convient au trèfle; celui
de six à sept ans au sainfoin; de dix à douze ans à la
luzerne.

En suivant cette méthode, la culture ne semble
avoir fait de progrès que dans l'intérêt du bétail; elle
a créé pour lui de grandes ressources, non-seulement
par les fourrages, mais encore par les racines des
récoltes préparatoires.

La culture des grains et autres objets de vente a été
restreinte. Or, tout cela occasionne des avances et
des sacrifices sur les revenus. Il a fallu donc chercher

6

une indemnité et un bénéfice; car il y aurait presque de la folie à se donner tant de peine et de tracas sans profit. Or, ce profit, on l'a trouvé dans ce que nous appelons le domaine du bétail, dans le défrichement des pâturages et des prés naturels.

Tel est le dernier développement du système perfectionné, que j'appellerai volontiers artificiel, puisqu'il est le triomphe complet de l'art. Dès ce moment le régime nomade est aboli en entier, et le régime agricole s'établit dans toute sa plénitude. L'exploitation, qui était double auparavant, est réduite à l'unité. La charrue domine tout, a charge de pouvoir tout, à condition que sa marche sera réglée par les principes constitutifs du système, et par la loi fondamentale de l'alternance.

Dans le système routinier l'existence du bétail est indépendante de la culture; cette dernière reçoit des animaux travail et fumier, et ne leur rend que de la paille. Dans le système perfectionné, au contraire, la culture s'occupe du bétail avant tout : elle lui fournit une nourriture beaucoup plus copieuse et plus succulente; et comme le propre de cette culture est de produire des montagnes de foin pour avoir des montagnes de fumier, la paille, au lieu d'offrir aux animaux une maigre nourriture, est employée à leur procurer une abondante litière. C'est là un des traits caractéristiques du régime perfectionné. On sent que des animaux qui sont nourris toute l'année avec de bons fourrages secs ou verts et avec des pommes de terre, des carottes, des betteraves, des navets et qui sont; outre cela, mollement couchés; ce qui, par parenthèse, est un point plus important qu'on ne pense; on sent, dis-je, que ces animaux sont habituellement dans un état florissant, d'un bon produit, et d'un débit facile; que ceux qui sont destinés au travail sont infiniment plus actifs et plus vigoureux; enfin, qu'ils doivent être moins sujets à la mortalité, puisque l'une des causes ou plutôt la principale cause des pertes que nous éprouvons en ce genre doit être rapportée aux variations, aux vicissitudes du régime diététique.

Si l'on a soin de fournir les étables d'une litière abondante, on concevra combien doit être considérable la production du fumier. Or, voilà le point essentiel, celui qui assure le succès de toutes les opérations de l'agriculture perfectionnée.

Jusqu'ici nous n'avons rien dit d'un point considérable qui a fait beaucoup de bruit en France et qui figure avec emphase dans les écrits des agronomes; je veux parler du perfectionnement des races. Sans doute, c'est un des grands objets de l'agriculture perfectionnée.

Pour y arriver, il se présente deux voies; l'une courte, simple, facile, séduisante, mais coûteuse, problématique et semée de revers, qui a échauffé l'imagination et mis à sec la bourse de plusieurs, c'est l'importation des belles races exotiques; l'autre, lente, pénible, savante, économique et sûre, c'est l'amélioration et même la création des races par le choix et le bon appariement des types indigènes. Cette dernière science, l'une des plus importantes de l'économie rurale, est mal connue, bien que pratiquée par quelques-uns. Si nous voulions en développer tous les principes, nous excéderions nos forces et les bornes de cet essai. Pour le moment je me contenterai de quelques observations.

Lorsqu'on veut améliorer la race de son bétail, il faut commencer par bien se rendre compte du but que l'on se propose. C'est à quoi nous manquons pour l'ordinaire. Nous avons un projet vague de réunir, dans nos animax, les qualités les plus précieuses. Or, il y a des qualités incompatibles qui s'excluent. Il faut donc avoir un point de vue fixe et y marcher droit, sans dévier en aucune manière. Et pour cela on doit consulter la nature du climat et du terrain; je devrais dire, et les demandes du commerce, si le commerce n'était pas d'une versatilité à dérouter toutes les combinaisons.

Dans les pays où le lait des brebis trouve un débouché utile dans la fabrique des fromages, on doit viser sans cesse à avoir des brebis qui soient des *fontaines de lait*; pour cet effet, toutes les fois que l'on remarque une brebis meilleure laitière que les autres, il faut garder son agneau, et si c'est un mâle, le choisir pour bélier; car c'est surtout par les mâles que la vertu laitière se transmet.

Dans les pays où l'on élève pour l'engraissement, on devrait s'attacher au poids et à corriger les vices essentiels de la race existante. Pour cela, au lieu de chercher des béliers gigantesques, il faudrait choisir au contraire ceux qui sont trapus, qui ont le coffre bombé et le gigot bien fourni, en observant qu'ils fussent un peu moins grands que la brebis.

Cette dernière observation est importante, surtout dans l'amélioration des chevaux. S'il y a trop de disproportion entre la taille de la jument et celle du cheval, on a de mauvaises productions. Une petite jument reçoit d'un grand cheval un germe qu'elle est hors d'état de développer dans son ensemble, et l'on a un poulain d'une conformation décousue. Dans cette race, plus peut-être que dans toutes les autres, c'est par les femelles qu'il faut viser à la taille; et pour l'étalon, il faut s'attacher à la régularité des formes et surtout à la bonté des jambes et des yeux, car ce sont les qualités que le père transmet le plus souvent.

C'est une erreur de croire que l'amélioration peut s'opérer uniquement par les mâles; les anglais attribuent au bon choix des femelles la perfection de leurs races de chevaux.

Si, lorsqu'on a introduit dans notre pays des chevaux arabes, on s'était attaché à leur donner des juments plus grandes qu'eux et plus étoffées, on aurait probablement obtenu une excellente race. Il faut dans le croisement chercher à corriger un défaut par l'excès contraire. C'est ainsi qu'en Angleterre on a créé des races parfaites, en prenant des types méprisables considérés isolément, mais dont les défauts opposés, en se tempérant l'un l'autre, tendaient à faire naître d'excellentes qualités.

On n'a pas su tirer parti non plus de l'introduction

de la race bovine suisse. Au lieu de s'opiniâtrer à
perpétuer la race pure dans un pays incapable de l'entretenir, il fallait choisir, pour les vaches suisses,
parmi les taureaux du Cantal, non pas les plus grands,
mais des mieux bâtis, les plus robustes et les plus
actifs. En même temps, il fallait donner le taureau
suisse aux vaches indigènes les plus grandes, afin
qu'il leur transmît la qualité laitière de sa race; ensuite, dirigeant le croisement avec intelligence, on
serait parvenu à créer une race qui aurait eu les
qualités des deux types primitifs, sans en avoir les
défauts.

ENGRAIS DIVERS.

Outre le fumier produit par le bétail de la ferme,
que les anglais appellent l'ancre de salut, on peut
faire usage de diverses substances qui ont la propriété
d'engraisser plus ou moins les terres. Telles sont les
boues des villes, et les vidanges des latrines; toutes
les substances animales, même les plumes, les re-
tailles de cuir et d'étoffes de laine, les rognures de
corne et d'os, etc., ont été employées avec succès,
ainsi que les raclures des peaux qui proviennent des
tanneries.

Les végétaux sont encore un bon moyen d'engraisser la terre lorsqu'ils sont enfouis en vert. Une
récolte de trèfle, de sarrasin, de lupin ou de fèves,
enterrée à la charrue, au moment de la floraison,
passe pour un bon moyen de fertiliser les terrains légers et sablonneux.

On fait des compost avec du fumier, de la chaux et de la terre, le tout placé couche par couche. On peut mettre dans le compost diverses matières animales et végétales. Les compost produisent une amélioration durable.

La chaux, employée seule, est un bon moyen d'améliorer les terres compactes et humides. La chaux ne doit pas être considérée comme un véritable engrais, c'est-à-dire comme fournissant directement aux végétaux un moyen de nutrition; du moins, sous ce rapport, son action ne paraît pas très-importante. Elle appartient à la classe des ingrédiens que l'on désigne par le mot d'amendement; elle change et corrige la nature des terres. Elle agit, tantôt comme dissolvant par la décomposition des matières végétales et animales que le sol recèle dans son sein; tantôt, comme absorbant, en neutralisant les acides qui frappent certains fonds de stérilité. Elle exerce encore une action tout à la fois mécanique et chimique, en modifiant la consistance des terres et en changeant leurs relations avec l'air et l'eau. Employée à l'état caustique, elle fait périr les insectes nuisibles, tels que les limaces, les vers blancs et autres. Telle qualité de chaux convient à certains fonds de terre, qui deviendrait nuisible si elle était employée ailleurs. Ce serait une faute grave de répandre une chaux siliceuse sur un terrain où déjà la silice abonde. Ainsi donc avant de faire usage de la chaux, il est bon d'en constater la nature par l'analyse chimique.

Le marnage est regardé comme le moyen le plus

efficace pour amender les terres et notamment les
fonds sablonneux que la moindre sécheresse frappe de
stérilité.

Le plâtre n'a pas, comme la marne, une influence
directe et durable sur la nature des terres; son action
est passagère et bornée à une certaine classe de plantes.
Il ne produit point une amélioration sensible sur les
blés. Le trèfle, la luzerne, le farouch, le sainfoin,
les pois, les fèves, toutes les plantes de la famille des
légumineuses donnent, pour l'ordinaire, des récoltes
beaucoup plus abondantes, lorsqu'on les saupoudre
de plâtre. Je dis pour l'ordinaire, car l'influence de ce
minéral est subordonnée à la nature des terres et encore aux circonstances atmosphériques.

DE L'ÉCOBUAGE.

Je ne crains pas de ranger l'écobuage parmi les
procédés de la bonne culture. Je trouve que non-
seulement c'est une opération lucrative, mais encore
un amendement fort bon, lorsqu'on sait l'appliquer
à propos.

Je n'entreprendrai pas d'expliquer à quoi tient la
vertu de l'écobuage. Je me contenterai de dire, d'a-
près l'observation des faits, non-seulement que la terre
paraît s'enrichir des résidus de la combustion, mais
encore que le feu exerce sur elle directement une
action fertilisante.

L'écobuage, comme toutes les opérations de l'agriculture, est susceptible de recevoir l'application des
méthodes perfectionnées.

Il existe un araire approprié à ce travail, que l'on nomme écobue. Mais comme il ne faut pas multiplier les instruments sans nécessité, nous dirons à ceux qui possèdent des charrues, façon de Roville, que ces charrues sont très-propres à cette opération.

DES CENDRES.

Les cendres de bois sont un bon moyen de fertiliser les terres. On remarque que dans les endroits où le plâtre est sans effet sur les fourrages artificiels, les cendres peuvent être employées avec succès, et *vice versâ*. On se sert encore pour amender les terres, d'une foule d'autres matières, telles que la suie, le sel de cuisine, les coquilles d'huîtres, les os pulvérisés, etc.

RÉCOLTES INTERCALAIRES SARCLÉES.

Les récoltes sarclées sont le pivot de la culture perfectionnée. Elles sont le principe d'une bonne rotation alterne : des soins qu'on leur donne dépend le succès des récoltes qui viennent après, et c'est pour cela qu'elles ont reçu le nom de récoltes préparatoires. Ainsi donc, c'est sur elles que doivent porter tous les efforts de l'art. On doit leur prodiguer le travail et le fumier sans trop examiner si elles sont en état de rembourser exactement ces avances. Du moment où on les considère comme une préparation et, pour ainsi dire, comme un instrument d'amélioration, il n'est pas absolument nécessaire qu'elles soient profitables en

7

elles-mêmes, pour vu que le bénéfice résulte, en dernière analyse, de l'ensemble des opérations.

Tel est le point de vue sous lequel il importe de considérer ces diverses récoltes appelées intercalaires, dont le caractère générique consiste en ce qu'elles sont disposées par lignes plus ou moins espacées. Une telle disposition procure l'avantage inappréciable de continuer la culture des terres pendant la végétation des plantes, et cette culture profite non-seulement aux plantes autour desquelles elle s'exécute, mais encore à celles qui sont appelées à leur succéder.

Nous allons expliquer en détail les procédés particuliers les plus propres à assurer le succès des diverses récoltes intercalaires qui nous paraissent convenir au terrain et au climat du département.

DE LA POMME DE TERRE.

La culture de ce tubercule mérite de nous occuper en premier lieu, parce qu'elle est universellement répandue. On peut dire que c'est, peut-être, de toutes les récoltes la moins casuelle. Elle serait une des plus profitables si l'on n'était dans l'usage de lui appliquer les procédés aujourd'hui si dispendieux, de la culture à bras que j'appelle petite culture.

Mon but est de montrer ici comment la grande culture parvient à s'emparer avec avantage de cette racine, dont l'utilité comme substance alimentaire est incontestable, mais dont le bénéfice est nul ou négatif pour ceux qui ignorent ou qui dédaignent les secrets des bonnes méthodes.

Pour avoir une excellente récolte de pomme de terre, il est essentiel de labourer de bonne heure et autant que possible avant l'hiver. On ne doit rien négliger pour remuer profondément le sol et le bien ameublir.

On a beaucoup varié sur l'époque et sur le mode de la plantation ainsi que sur la manière d'appliquer le fumier. La meilleure saison, ce me semble, est le commencement ou la fin d'avril. L'expérience m'a appris que les plantations trop précoces sont exposées à périr, et que d'ailleurs elles ne devancent guère, dans leur germination, celles qui ont été exécutées dans le mois de mai. Il convient de ne pas enterrer la pomme de terre trop profondément. Voici la méthode que j'ai toujours pratiquée, qui consiste à placer les tubercules dans la troisième raie, en sorte que les lignes soient séparées par un intervalle de 75 centimètres.

Cette méthode a de grands avantages sur toutes les autres. Elle facilite le maniement de la houe à cheval, et lorsque la charrue à butter a passé dans les intervalles, les jeunes plantes se trouvent entourées de toute la terre nécessaire à leur nutrition. Elles peuvent étendre leurs racines latéralement, et loger leurs tubercules dans les flancs de l'ados. Des expériences comparatives m'ont prouvé que, de toutes les combinaisons, celle-ci était la plus productive.

Pour ce qui est de la manière de distribuer le fumier, il y a des cultivateurs qui le font jeter dans la raie, par petites portions, tout près des tubercules. Cette méthode tend à économiser l'engrais; mais elle n'est pas conséquente au principe de la culture alterne, parce qu'elle n'a en vue que la récolte présente, tandis que la grande règle est d'embrasser, autant que possible, une série de récoltes dans une même opération. Il est infiniment mieux de fumer copieusement et de répandre le fumier à la surface du sol avant le labour qui sert à la plantation. Sitôt que les jeunes plantes ont atteint la hauteur de 4 à 6 pouces, le moment est venu de passer la houe à cheval. Cette opération doit être réitérée lorsque les circonstances l'exigent. On perfectionne le sarclage, au moyen de la houe à bras sur la ligne que la houe à cheval ne peut atteindre. Ensuite on fait passer dans les intervalles des lignes la charrue à butter. Il est bon que cette première façon soit suivie d'une seconde, lorsque la plante est en pleine floraison. Alors le champ présente l'aspect le plus satisfaisant : la récolte se trouve bien rehaussée, et pas une herbe étrangère n'a survécu.

Un cheval sarcle facilement deux hectares dans une journée de neuf heures, en deux attelées de 4 heures 1/2 chacune.

L'application des forces des animaux au sarclage, est le plus beau triomphe de la grande culture perfectionnée.

DU COLZA.

Parmi les plantes oléagineuses, le colza a mérité une attention particulière par la qualité et l'abondance de ses produits. Longtemps confinée dans la Flandre, cette plante était regardée comme le nerf de son agriculture. Cette culture, d'abord très-restreinte et assez mal pra-

tiquée, a fait depuis quelques années des progrès notables dans nos départements voisins. Nous désirerions
qu'elle devint bientôt une des branches les plus importantes de notre économie rurale dans notre département.

A la vérité, la récolte du colza est épuisante, mais
comme elle admet des sarclages, et surtout comme
elle n'occupe la terre que temporairement, il est facile
de corriger cet inconvénient par l'alternance et la culture des fourrages artificiels. Ce n'est pas un dévora-
teur à poste fixe comme le noyer.

On peut cultiver le colza immédiatement après le
blé. Il suffit, pour cela, d'un labour suivi d'un ou deux
hersages. On ne doit pas négliger de donner une bonne
fumure.

On peut semer en place ou à demeure, ou bien avoir
un planchon et repiquer. On assure que le colza re-
piqué est moins rameux, par conséquent moins pro-
ductif. Si ce dernier fait est bien établi, il n'y a plus
à balancer : il faut semer en place. Lorsque le colza
commence à pousser sa tige, le moment est venu de
le biner. Cette opération s'exécute fort bien avec la
houe à cheval comme pour les pommes de terre.

Le moment le plus critique est celui de la récolte.
Si le colza parvient au dernier degré de maturité, il
s'égraine de suite; s'il n'est pas assez mûr et que la
graine soit rougeâtre, l'huile qui en provient est de
mauvaise qualité. Il y a un point précis à saisir. Du
reste la maturation continue et se termine après la
moisson. Pour cet effet, on dispose les tiges en tas co-

niques, en ayant soin de diriger les siliques vers le centre en dedans; on place au sommet du tas un capuchon de paille, et au bout de quelques jours, on fait battre en place sur de grandes toiles. Il faut observer de bien faire sécher la graine avant de la serrer.

DU MAÏS.

La culture du maïs, non moins utile que les précédentes, est très-répandue dans notre département.

Il y a trois qualités de maïs, le rouge, le jaune et le blanc; le premier est le moins bon et le dernier le meilleur. Le blanc demande un sol plus substantiel; le jaune réussit sur les terrains légers et siliceux.

D'après les procédés de la grande culture perfectionnée, on trace les raies au rayonneur, on sème avec le semoir, et l'on bine avec la houe à cheval; enfin, lorsque la plante commence à pousser son épi, on passe la charrue à butter. Il est prudent de faire conduire le cheval à la main, afin que les jeunes pieds de maïs ne soient pas endommagés.

DU SYSTÈME DE FERMAGE, DU SYSTÈME DES BAUX A PARTAGE DE FRUITS USITÉS DANS LE DÉPARTEMENT.

Les bons esprits qui se sont occupés d'agriculture ont reconnu que le perfectionnement de cette branche importante de la prospérité publique dépend beaucoup du système d'après lequel sont réglés les baux à ferme et les baux à demi-fruits.

Tous les propriétaires ne sont pas en position de cultiver leurs terres par eux-mêmes. Sans doute, il

serait à désirer, si l'on n'avait en vue que l'intérêt de
l'agriculture, que toutes les exploitations rurales fussent placées sous l'influence salutaire de l'œil du maître ; mais un tel vœu serait trop spécial et trop contraire à l'intérêt général de la société.

Parmi les possesseurs des terres, il en est que leurs
habitudes et leurs talents appellent à des emplois d'un
autre genre, dans l'exercice desquels ils seraient diffi-
cilement suppléés. D'ailleurs il est certain que la pratique de l'agriculture exige un tact particulier qui ne
peut être guère que le fruit d'une habitude contractée
dès le premier âge. Il serait bien malheureux qu'un
savant jurisconsulte, un administrateur éclairé, un
médecin habile, un négociant profond, un industriel
plein de génie et d'expérience, que tous ces hommes
dont la société réclame les services dans des profes-
sions différentes, fussent atteints de la manie d'aller
planter des choux, et dépenser sans fruit, dans un art
qui leur est étranger, les efforts d'une tête qui peut
servir, ailleurs, utilement la société. Il est donc nécessaire, dans bien des cas, que les propriétaires con-
fient la culture de leurs terres à des fermiers.

Un tel arrangement dérive de la nature des choses.
Mais c'est ici que se rencontre un grave inconvénient,
dont les effets désastreux se font sentir dans notre
pays avec plus d'intensité que dans la plupart des
autres. L'intérêt du fermier n'est pas exactement le
même que celui du propriétaire, et ses vues, par conséquent, diffèrent sous un rapport essentiel. Son bail
le plaçant dans un régime provisoire, il n'entre dans

son plan aucune idée de conservation, de pérennité, encore moins de perfectionnement. Sa culture a quelque chose de dévorant et de révolutionnaire : aussi peut-on remarquer que les terres perdent, à la longue, de leur valeur, sous l'administration même d'un bon fermier, parce que un bon fermier se contente de ne pas dégrader, et qu'il n'améliore pas. Or les efforts d'amélioration sont nécessaires, non pas seulement pour s'élever, comme on le croit communément, mais encore pour ne pas déchoir. Telle est la condition des choses humaines : nous sommes poussés en bas, nous et nos biens, par une pente rapide contre laquelle il faut lutter sans relâche.

Un système de fermage, pour être le meilleur possible, doit être combiné de manière à identifier l'intérêt du fermier avec celui du propriétaire.

Si nous appliquons cette règle aux combinaisons de nos baux à ferme, nous trouverons qu'elles sont essentiellement vicieuses, et peut-être serons nous induits à conclure, suivant la raison des contraires, que notre système est le plus mauvais possible.

En effet, nos baux sont contractés pour neuf ans, avec réserve de la faculté mutuelle de les résilier au bout de la 3ᵐᵉ et 6ᵐᵉ année. Je demande si une telle combinaison ne semble pas inventée tout exprès pour interdire au fermier tout objet d'amélioration.

Les améliorations agricoles ne peuvent s'obtenir qu'à la condition de faire à la terre des avances plus ou moins considérables, ou de différer ses revenus, ce qui revient au même. Or, dire au fermier : je me réserve le droit de l'expulser au bout de trois ans, n'est-ce pas lui dire implicitement : si tu as l'audace d'introduire dans mon domaine un germe d'amélioration, je me réserve d'en cueillir tout le fruit. Ainsi, bien loin de chercher à corriger le vice inhérent à la nature même des baux à ferme en excitant le fermier à bien faire, on a pris tout juste la précaution de lui en ôter même l'idée, en lui donnant un intérêt contraire. En outre, on impose au fermier l'obligation de se conformer à l'assolement du pays, c'est-à-dire qu'on lui interdit toute spéculation; on lui défend d'avoir des vues, des idées; on l'emprisonne dans la routine; on en fait purement et simplement un grossier instrument d'agriculture.

Quel est l'homme doué d'une intelligence cultivée qui voudra se condamner à ce rôle monotone et subalterne? La faculté de penser est celle qui se perd le plus facilement par le défaut d'usage : conçoit-on qu'un être pensant puisse volontairement se placer dans une situation qui le force d'adjurer cette faculté? Comment l'homme qui a le génie de son art, dont la tête bouillonne d'idées et de combinaisons, pourra-t-il endurer le supplice d'être garotté sur le timon de la routine, tel qu'on peint *Thésée* dans le tartare, immobile sur son fauteuil de fer.

Mais si les baux à rente fixe et déterminée ont de tels inconvénients, combien sont plus funestes les conséquences du système des baux à partage de fruits. On dirait que ce dernier a été enfanté par un puissant effort du génie de l'immobilité routinière. Dans tout le

8

département, on suit le système de métayage; c'est dire que l'agriculture y est fort arriérée. Cependant nous avons dans toute l'étendue du département des terrains naturellement fertiles qui ne demanderaient que des soins pour se couvrir des plus belles récoltes.

Notre système de fermage a été conçu dans un temps où l'on considérait l'agriculture comme un métier immuable, grossier, fait pour des hommes de peine, nullement propres à recevoir les impulsions du génie et du savoir. Ce système est entièrement subordonné à l'assolement triennal. Or, l'assolement triennal, dans les mains du propriétaire, est tout au plus stationnaire, et il devient ruineux dans les mains du fermier.

Les propriétaires qui sont dans l'usage d'affermer leurs biens, de les donner à demi-fruits, s'ils éprouvent le désir de les améliorer ou seulement d'en prévenir la décadence, doivent prendre le parti de modifier le système des baux.

Notre système de fermage en général, et en particulier celui des baux à fruits, prohibent l'entrée de la culture perfectionnée qu'il serait si facile d'introduire dans notre département. En général, nos procédés de labourage, nos outils aratoires, nos assolements sont aujourd'hui ce qu'ils étaient aux temps les plus reculés. On peut, il est vrai, citer quelques exceptions, mais elles sont si peu considérables, qu'on doit les regarder moins comme une amélioration actuelle, que comme les pierres d'attente de celles qu'on a le droit d'espérer à l'avenir.

Toutefois, si l'on allait conclure de ce fait que les

ouvrages des agronomes et les travaux des sociétés d'agriculture n'ont exercé aucune influence sur l'agriculture du département, on tomberait, ce me semble, dans une grande erreur. Leur action a été imperceptible, parce qu'elle n'était point directe et immédiate; mais on n'a pas pour cela le droit de la contester : autant vaudrait nier le mouvement de la terre, parce qu'il échappe à la vue.

Du moment que l'agronomie a pris son rang à côté des autres sciences, elle a dû nécessairement attirer l'attention des esprits éclairés. Alors on a commencé de sentir que la marche que l'on suivait pouvait n'être pas la meilleure possible. Les expériences partielles de quelques agronomes et de quelques amateurs, les grandes améliorations exécutées dans certains pays sont devenues la matière des conversations. On a discuté le fort et le faible des méthodes anciennes et des méthodes nouvelles. On a appris à douter un peu que la routine fut le *nec plus ultrà* de l'esprit humain. Quelques propriétaires ont perdu peu à peu l'habitude d'attribuer aux adages de leur vieux maître-valet cette infaillibilité que les disciples de pythagore accordaient aux sentences de leur maître.

Cette fermentation des esprits éclairés s'est communiquée au simple laboureur, et, de proche en proche, une activité nouvelle s'est répandue partout et a donné quelque extension aux procédés de l'art. La culture des prairies artificielles a fait des progrès notables dans quelques parties du département. Le nombre des bestiaux s'est accru dans plusieurs localités.

Ainsi donc on ne peut nier que l'industrie agricole, tout en négligeant les lumières de la science, n'ait cédé à son impulsion jusqu'à un certain point, et qu'elle n'ait augmenté ses productions dans une proportion considérable. Mais, tandis que l'industrie s'évertuait, l'art proprement dit, qui comprend les procédés, les instruments et la méthode, le véritable art agricole est demeuré stationnaire ; c'est-à-dire qu'on a voulu multiplier les objets de l'art sans augmenter ses moyens, et tripler la résistance sans allonger le levier.

D'après cet aperçu on voit clairement quelle a dû être, en définitive, sur le sort de la propriété, l'influence de cette amélioration trompeuse ; amélioration qui n'a qu'une apparence vaine, puisqu'elle porte en elle-même le principe d'une décadence inévitable.

Le défaut d'aisance dans la classe agricole est communément regardé comme l'obstacle le plus puissant qui s'oppose à la réforme de notre système agraire. Mais comment ne voit-on pas que le défaut d'instruction doit être mis encore au nombre des causes principales qui retardent les progrès de l'art ? Il y a plus, et je le dirai au risque d'être taxé de paradoxe, l'ignorance (ou le demi-savoir pire que l'ignorance) me paraît le plus grand des obstacles, parce que celui-là est le principe de tous les autres.

Je sais bien que j'attaque ici un préjugé qui a jeté des racines profondes ; mais un moment de réflexion suffira pour faire sentir que l'agriculture est une manufacture très-compliquée, et j'oserai dire la plus compliquée de toutes. La partie seule de l'administra-

tion, et de la comptabilité présente des difficultés qui
exigent des études préliminaires et une habitude d'application peu commune. Que dirai-je de l'éducation
et de la connaissance des animaux, de l'art d'améliorer
les espèces et de les approprier au but qu'on se propose?
Cette science est à peu près inconnue dans notre département. La connaissance des animaux et l'art de les
élever exigent beaucoup d'instruction et d'observation.
Les cultures végétales sont encore plus compliquées
peut-être, et demandent une instruction plus vaste et
tout aussi difficile. La connaissance des terres, l'art
d'approprier à chacune la culture qui lui convient le
mieux, la science des amendements, la connaissance
des saisons pour les semis, ce qui comprend l'état de
la terre et celui de l'atmosphère; la précision à déter-
miner le degré de labourage qu'exigent les différentes
natures de terre et les différentes récoltes, et chacune
de ces branches de l'industrie agricole, exige des connaissances théoriques et pratiques; mais tout le reste
n'est rien au prix de la méthode qui embrasse la science
des assolements et son application à une terre et à
des circonstances données; l'art de lier les opérations,
de combiner les moyens, de proportionner les forces
aux résistances, de manière à produire le plus grand
résultat avec le moins de dépenses possibles; en un
mot, cette science profonde de donner de l'ensemble
à la marche générale d'une exploitation rurale, et d'en
faire, pour ainsi dire, une machine bien organisée, où
tout s'engraine et se suit avec ordre et précision.

Au reste, il ne faut pas se dissimuler que l'argent

est le nerf de la méthode. Aussi se rattache-t-elle à des questions économiques de la plus haute importance :

1° D'où vient qu'en Angleterre les grandes entreprises agricoles obtiennent de la part des capitalistes la même faveur pour le moins que toute autre entreprise manufacturière ou commerciale, et que les placements d'argent sur les fonds de terre sont regardés comme étant en général les plus solides et quelquefois les plus lucratifs, tandis qu'en France on est imbu de l'idée que l'argent, placé sur la terre, est tout au plus un fonds perdu sous une rente minime; encore regarde-t-on la chance comme très-heureuse lorsque la terre n'absorbe point en entier les intérêts avec le capital.

2° Ce contraste frappant doit-il être uniquement attribué à la méthode, ou bien aux circonstances différentes où se trouvent placés les deux pays? Ou bien encore, est-il un effet composé de ces deux causes?

3° En supposant résolue la question précédente en faveur de la méthode anglaise, quelle est pour la France en général, et pour le département en particulier, quelle est, dis-je, la méthode la plus propre à utiliser les capitaux? Quelle est celle qui pourra leur assurer sur les fonds territoriaux le placement le plus avantageux et la rentrée la plus prompte?

4° Dans quelle proportion les capitaux doivent-ils être accordés à la terre pour qu'elle les restitue avec intérêt suffisant? Cette question est aussi importante que difficile; car c'est un principe d'économie que, dans toute spéculation, on risque autant à être avare qu'à

être prodigue de capitaux, et qu'il y a un juste milieu
à atteindre sans le dépasser.

Ces différentes questions n'ont pas encore été réso-
lues en France, et leur solution dépend du succès des
fermes écoles.

En nous résumant, nous dirons aux agriculteurs
qu'ils ne doivent jamais perdre de vue que leur fortune
et la richesse du pays dépendent presque exclusivement de leurs efforts et de l'intelligence qu'ils déve-
loppent dans l'étude raisonnée de leurs moyens de
production. En général, en France, et surtout dans nos
campagnes, on tourne presque constamment les yeux
vers le Gouvernement, comme vers la seule source de
prospérité. On le rend trop souvent responsable des
malheurs publics, ou des fautes résultant de l'inhabileté
ou de l'ignorance des producteurs. On ne peut pas nier
que l'influence d'un Gouvernement éclairé sur la prospérité de l'agriculture ne puisse être considérable,
mais son action ne peut que guider et soutenir les efforts
des agriculteurs, et c'est en définitive sur leur énergie
seulement et sur leur intelligence qu'ils doivent compter comme sur les seules sources réellement fertiles de
la richesse agricole; nous leur montrerons le danger
qui vient fondre sur eux s'ils restent stationnaires,
l'abime plus profond encore qui les attend s'ils mar-
chent avec précipitation et sans être éclairés du flam-
beau de la science et de l'analyse.

Autant les améliorations méthodiques sont utiles,
et, j'ose dire nécessaires, autant sont dangereuses ces
innovations partielles et mal calculées, qui ne peuvent

pas se coordonner avec les autres parties du système agraire. Cette vérité n'est pas, pour moi, une simple vérité de spéculation; l'expérience l'a rendue intime, c'est-à-dire que je l'ai apprise à mes dépens.

Aussi c'est principalement pour la mettre dans tout son jour que j'ai pris la plume; si je parviens à la bien graver dans l'esprit des cultivateurs, mon écrit aura porté le seul fruit que j'en attends; j'aurai atteint le but que je me suis proposé, la seule ambition qui fasse palpiter mon cœur, celle de rendre quelque service à mes compatriotes.

Nous terminerons notre tâche par le passage suivant que nous trouvons dans la géologie appliquée aux arts et à l'agriculture, excellent ouvrage de MM. *Dorbigny* et *Gente* et que nous copions littéralement: «aujourd'hui
« l'emploi de la marne, de la chaux, du gypse, de l'ar-
« gile et du sable, etc., est parfaitement connu; mais
« on ne sait pas encore le parti qu'on pourrait peut-être
« tirer des matières bitumineuses, talqueuses, schis-
« teuses, micacées, etc. Espérons que la création des
« chemins de fer, qui se multiplient de tous côtés sous
« les yeux de nos populations agricoles, fera reconnaî-
« tre quelques nouveaux éléments de fertilité; et que,
« jetés d'espace en espace sur les propriétés ingrates
« du parcours, les déblais de ces grands travaux nous
« révèleront leur action sur la culture, surtout quand
« ces matériaux ameublis auront, durant quelques
« années, absorbé assez d'oxygène à l'atmosphère. Le
« fait suivant cité par *Brard*, vient à l'appui de cette
« opinion : des travaux de recherche pour une mine

« de houille ayant été pratiqués dans une vigne, celle-
« ci poussa avec une vigueur remarquable sur tous
« les points où les débris de schistes bitumineux furent
« répandus. Nul doute que plusieurs autres matières
« enfouies dans le sol ne puissent servir aussi à d'uti-
« les amendements. Or, rien ne favorise plus les expé-
« riences qu'on voudra tenter dans cette direction,
« que la création des chemins de fer. En effet, les
« matériaux se trouvent là, souvent défoncés, et le
« transport peut s'y faire à bon compte. Les proprié-
« taires riverains ont donc une excellente occasion
« pour tenter au moins des essais sur quelques parties
« ingrates de leurs champs. Si ces opérations réussis-
« saient, il suffirait de faire connaître les matières
« utilisées, de signaler les conditions de leur emploi
« et les résultats obtenus sur des diverses terres et les
« diverses cultures, pour s'acquérir une juste renom-
« mée et des droits à la reconnaissance publique. De
« pareils exemples seraient bientôt imités ; et ainsi se
« propagerait, sur plusieurs points à la fois, la fertili-
« sation d'un grand nombre de terres ingrates et in-
« cultes. Plus tard on déduirait une théorie générale,
« appuyée sur les faits, et peu à peu disparaîtraient
« la plupart des contrées arides qui déparent encore
« le beau sol de la France. Sans doute, il est des
« contrées entières qui se trouvent malheureusement
« dans des conditions telles qu'on ne saurait, à leur
« égard, entreprendre avec fruit aucune sorte d'amen-
« dement ; mais en général, il n'est pas de terre située
« en pays de plaine qui ne soit susceptible de recevoir

« des améliorations notables par l'application raisonnée
« des matériaux que renferme le sol, soit à la surface,
« soit à diverses profondeurs.

« Au Gouvernement surtout il appartient de favo-
« riser de pareilles entreprises ; il est temps, enfin,
« que le cultivateur sorte du cercle étroit et vicieux
« dans lequel il se meut. Nous appelons de tous nos
« vœux une sage administration qui, réhabilitant aux
« yeux de la société, ce patient travailleur si injuste-
« ment oublié, lui facilite les moyens d'acquérir cer-
« taines connaissances spéciales sans lesquelles il ne
« peut progresser ; car, il faut bien le dire, sauf un
« petit nombre d'exceptions, jusqu'ici *les bras et non
« la tête* ont travaillé dans nos champs.

« De tous les arts, l'agriculture est cependant celui
« qui exige le plus de connaissances diverses, d'obser-
« vations sagaces, d'expériences ingénieuses. Pourquoi
« cette noble occupation, qui pourrait offrir aux jeunes
« gens de notre époque une carrière féconde, est-elle
« en quelque sorte délaissée par eux ? Par quelle aber-
« ration d'esprit le travailleur intelligent, s'écartant
« de toutes les traditions, de tous les sentiments na-
« turels, de toutes les nobles aspirations du cœur,
« abandonne-t-il les champs pour venir s'étioler dans
« nos manufactures ? Comment se fait-il, d'un autre
« côté, que l'industrie, qui amortit souvent l'intelli-
« gence par la division du travail, au point de faire
« quelquefois de l'homme un levier, une cheville ou
« une manivelle, voit chaque jour, au contraire,
« augmenter le nombre de ses ouvriers, parfois sans

« ouvrage? C'est que les Gouvernements précédents
« se sont moins occupés du sort des ouvriers de la
« campagne que du sort des ouvriers de la ville. On
« a fait moins pour les premiers que pour les seconds.
« De là l'émigration vers les cités; de là aussi les crises
« industrielles et sociales qui en sont les conséquences.
« Non! jamais le cultivateur n'a reçu chez nous toute
« la part qui devrait lui revenir de protection, de lu-
« mière, de sollicitude gouvernementale! Abandonné
« à lui-même, sans guide, sans émulation, son intel-
« ligence, au lieu de grandir, est restée stationnaire;
« et maintenant que se font sentir les conséquences
« déplorables de cet abandon, il ne faut rien moins
« que de sages institutions, lui permettant d'acquérir
« une instruction pratique qui lui manque et dont il
« ne peut plus se passer. Heureusement le progrès
« agricole ne saurait se faire attendre; car la lumière
« commence à rayonner sur tous les points de cette
« importante question; et déjà les hommes du pou-
« voir actuel comprennent que, pour sortir de l'état
« de malaise dans lequel se trouve la société, il faut
« encourager l'agriculture, afin que, procédant sans
« relâche à la fertilisation intégrale du sol, elle en
« double les produits au profit de tous. »

J.-M. FUALDÈS.

www.ingramcontent.com/pod-product-compliance
Lightning Source LLC
Chambersburg PA
CBHW070805210326
41520CB00011B/1837